U0004892

So
Easy !

make things

simple and enjoyable

太雅生活館

生活技能 022

開始擁有個人調酒吧枱

作者◎林夢萍
攝影◎楊文卿

太雅生活館

So Easy

一切就要開始發生……

開始玩居家  盆栽

開始 在家煮咖啡

開始旅行 說英文

開始隨身帶 數位相機…

延伸生活的樂趣，
來自我們開始的探索與學習，
畢竟生活大師不是天生的，只是很喜歡嘗新罷了。
這是一系列結合自己動手與品味概念的生活技能書，
完全從讀者的實用角度出發，
希望以一目了然、輕鬆閱讀的圖像編輯方式，
讓你有信心成為真正懂得生活的人，
跟著Step by step，生活技能So Easy！

編 者 序

想喝酒？不必出門，
你家就有小吧枱！

調酒這件事，有一點點炫，

也有一點點旁人說不出的箇中滋味。

因為，做調酒，就是要品嘗嘛，

不論是自己獨飲或三五好友小酌共飲，

都別有一番氣氛、滋味與樂趣。

想學調酒，真的一點也不難，也不用出門拜師學藝；

本書在手，實用無窮。

我們為你設想到：

在家規畫設計一個簡易吧枱，該怎麼進行……

什麼，沒有靈感？那就看看別人家的吧枱怎麼設計吧！

還帶你深入淺出了解：

調酒通常會用到什麼酒、該準備什麼樣的酒杯和器材，

以及下酒菜該怎麼準備。

最後，我們會領著你：

一步步做出好喝、美觀，

且步驟相當簡單的調酒。

擁有吧枱、學會調酒，就是這麼簡單，Everything is So Easy!

特約編輯　簡伊婕

編者群像

總編輯◎張芳玲

專長企畫書籍和刊物，曾經負責十餘家企業代編刊物，也曾經以職場女性的角度，著書《今天不上班》、《女人卡位戰》，以幽默的文筆，分享對生活與工作的熱愛。目前擔任「太雅生活館」（太雅出版有限公司）總編輯，統籌旅遊、時尚、生活技能、雜貨創作等領域的出版品。（攝影／David Hartung）

書系主編◎張敏慧

從第一份工作開始就一直從事編輯工作，範圍從電影、美食到房屋雜誌都玩過，現在在太雅生活館裡持續吃喝玩樂中。覺得編輯是個好玩的身分，可以認識許多人、分享作者攝影們的生活經驗與知識，不管是做菜烤餅乾或是品味態度，持續學習、享受生活。

特約編輯◎簡伊婕

著迷於文字和圖像，喜歡閱讀、看電影，因為無法三天兩頭到處旅遊，只好胡亂讓心靈神遊。悶起來的時候，可以好久都不和人群聯絡；瘋起來的時候，話匣子一開關不了，因此，仍在拿捏動靜之間的平衡分寸。最愛編輯工作，近來開始嘗試翻譯，目前為自由文字工作者：elychien@yahoo.com.tw

作者◎林夢萍

她常說自己沒什麼專長，就是會寫和會玩，這兩件事結合後，我們於是看到一個悠然過生活，並把經驗付梓與大家分享的生活家。曾做過的事都和傳播及旅遊有關：休閒生活雜誌主編、旅行社領隊、旅遊網站主編；目前是廣播電台記者，也是自由作者。喜歡生活中一切新鮮美好的事物，長年鑽研各項飲品的相關知識，茶、酒、咖啡都不放過。集結旅遊及生活心得，著有：《結婚企畫書》、《開始在家煮咖啡》、《輕鬆遊印度》、《跟著大師泡好茶》等書。

攝影◎楊文卿

英國倫敦大學「Goldsmith's College」影像傳播碩士。曾任PC Home雜誌攝影主編、TO'GO旅遊雜誌攝影主編。新聞局、遠見雜誌、光華雜誌、商業週刊攝影師，國家地理雜誌中文版特約攝影。個人出版：《楊文卿針孔攝影集》。目前為自由攝影工作者：wen_ching@yahoo.com.tw

美術設計◎何仙玲

遊走於文字與圖像之間的遊戲中，並享受其成就感，也享受著SOHO族所帶來的自由，這是目前我所珍惜的。曾任Esquire、TO'GO旅遊雜誌美術主編、Playboy雜誌美術編輯……等。目前為自由工作者：celine36@ms38.hinet.net

感謝贊助

感謝以下單位與好朋友們，促成這本書的誕生：
華國飯店長虹酒吧，特別感謝 Nancy 吳伊容的示範
B&Q特力屋內湖店
蔡涵茵小姐、吳世婷小姐、陳民諺小姐、陳以儒小姐
陳振華先生、江南慶先生、許祐斌先生、曾文和先生、曾玉萍小姐

開始擁有個人調酒吧枱

So Easy 022

作　　者　林夢萍
攝　　影　楊文卿

總 編 輯　張芳玲
書系主編　張敏慧
特約編輯　簡伊婕
美術設計　何仙玲

太雅生活館　編輯部
　　　　　　TEL：(02)2880-7556　FAX：(02)2882-1026
　　　　　　E-MAIL：taiya@morningstar.com.tw
　　　　　　郵政信箱：台北市郵政53-1291號信箱
　　　　　　網址：http://www.morningstar.com.tw

發 行 人　洪榮勵
發 行 所　太雅出版有限公司
　　　　　　111台北市劍潭路13號2樓
　　　　　　行政院新聞局局版台業字第五○○四號
分色製版　知文企業(股)公司 407台中市工業區30路1號
　　　　　　TEL: (04)2358-1803
總 經 銷　知己圖書股份有限公司
　　　　　　台北分公司 106台北市羅斯福路二段95號4樓之3
　　　　　　TEL: (02)2367-2044　FAX: (02)2363-5741
　　　　　　台中分公司 407台中市工業區30路1號
　　　　　　TEL: (04)2359-5819　FAX: (04)2359-5493

郵政劃撥　15060393
戶　　名　知己圖書股份有限公司
初　　版　西元2005年11月01日

定　　價　250元（特價199元）
（本書如有破損或缺頁，請寄回本公司發行部更換；或撥讀者服務部專線04-23595819#232）

ISBN　986-7456-59-9
Published by TAIYA Publishing Co., Ltd.
Printed in Taiwan

國家圖書館出版品預行編目資料

開始擁有個人調酒吧枱／林夢萍作者 —— 初版.
——臺北市：太雅，2005〔民94〕
　　面：　公分 . ——（生活技能：22）（So easy：22）

　　ISBN 986-7456-59-9（平裝）

　　1.調酒

427.43　　　　　　　　　　94019465

目錄 CONTENTS

12 自創小吧枱
調酒，真是一件有點炫的事

26 材料
調酒，常會用到哪些酒

46 道具
認識酒杯和器材

如何使用本書 ....

想學調酒，但又不想花大錢去上課嗎？跟著本書一起往下學就對了！本書不僅教你調酒，還會告訴你如何利用家中現成擺設，簡單規畫一個屬於你的小吧枱；還會告訴你，你得知道的各種調酒基本知識，包括：調酒會用到哪些酒、酒杯該怎麼選、調酒必備器材，甚至還告訴你喝調酒，搭配什麼下酒菜最合適。

本書分為五大單元

1. 自創小吧枱：

想在家做調酒，第一步就是得先為自己營造一個調酒的小空間，畢竟，調酒，是一件有點炫的事！這個單元告訴你，規畫設計一個吧枱需注意哪些事情和細節，而且還帶你去看看三戶人家的家庭吧枱，看看它們都具備了哪些特色，並了解主人最初之所以規畫吧枱的心情。

2. 材料：

想學調酒，就得知道該用什麼酒來調。這個單元告訴你什麼是基酒，什麼是香甜酒，什麼又是調酒時必備的重要配角。每一部分都深入淺出地介紹酒的緣起、製法、風味和搭配性，幫助你學會簡單的酒類知識。

3. 道具：

有了吧枱、學了調酒基本知識後，你還需要添置酒杯和調酒會用到的器材。大體來說，酒杯可分成三類，只要掌握酒杯特性和調酒分量後，就大概知道該用哪一類酒杯囉！此外，調酒器材也不可少，從果汁機到攪拌棒，一一為你說分明。

4. 來調酒吧：

現在，就來正式調杯酒吧！這個單元總共為你示範30杯調酒的作法，並以基酒分門別類，讓你做調酒時，能依自己的品酒偏好，做出喜歡的調酒。並且還會特別告訴你，每一杯酒品嘗起來的口感如何；更有「小撇步」的欄位設計，說明調酒需注意的事項、某杯酒怎麼喝最好喝，以及這杯酒還可以做什麼變化，教你輕輕鬆鬆變化成另一杯調酒喔！

5. 下酒菜：

做好調酒，準備和三五好友小酌一番時，是不是會想來點順口好吃、搭配性強的下酒小點呢？這個單元告訴你，酒吧裡人氣紅不讓的幾種現成零食、小點心，以及勤勞、不怕麻煩的朋友們，若想親自準備幾道小點，該從何下手，才能吃吃喝喝相得益彰，不會破壞飲酒的口感。

每個單元的一開始，還製作了貼心的單元小目錄，讓你一目了然該單元的所有主題。

①

以顏色區分各單元篇章，讓你方便按「顏色」索驥。

②

除了教你這杯酒怎麼調，還會把這杯酒喝起來的口感形容給你聽喔！

③

這個地方告訴你，你正瀏覽的是哪一類的調酒。

④

貼心的小撇步告訴你：調酒注意事項、這杯酒怎麼喝最好喝、這杯酒還可以做什麼變化喔！

⑤

每個調酒步驟的數字都標示得很大，讓你可輕鬆對照，一步步學會調酒。

⑥

如何使用本書

自創小吧枱

如何在不必大興土木的情況下自製一個小吧枱？我們教您幾個小撇步，同時也請三位屋主現身說法，看看他們如何在家裡營造出一個悠然的飲酒空間，和朋友共享。

調酒，真是一件有

點炫的事

調酒吧枱簡易DIY

想在家做個簡單的小吧枱，一點也不難，只要選個看對眼的系統家具，請專案管理師到家丈量，並聽取專業意見，一個屬於自己的個性吧枱就誕生了。

圖片提供／B&Q特力屋

廚房工作枱，化身吧枱

　　一般小家庭的廚房和餐廳之間並不以磚牆隔間，而是以簡單的櫥櫃做空間視覺區隔，此時就可以利用系統家具自創吧枱。中島型的工作枱最適合變化成吧枱，枱面上加一個層板，從餐廳方向看過去，就是個視覺效果極佳的小吧枱。主人站在廚房裡，則可將枱面當做工作枱，工作空間延伸了，切水果、榨汁都很方便，並可直接在工作枱上調酒，調好後，端給餐廳裡的客人也很方便。

　　吧枱該做多大？B&Q特力屋建議，以廚房長度的三分之二做規畫。拿三十坪左右的房子為例，廚房的長度大約為240-260cm，吧枱長度就可以捉在160cm上下，高度約85cm，再加上35cm的層板，從外觀看就是個120cm高的吧枱。

預算兩萬元，搞定

　　那麼，做一個中島型吧枱要花多少錢呢？若以160cm長度計算，費用約13000元，加層板，價格大約是2500～3000元。櫃子裡的大拉籃1個是1000元、三層抽屜則為1900元，其餘的收納和美觀設計，當然是加得越多，費用越高，不過總體而言，預算大約捉在20000元內，就可布置出一個好看又好用的吧枱了。

牆壁

酒杯吊架

滑軌式抽盤

注重配色與細節

吧枱的規畫架構完成後，可再做細部規畫，為整體感加分。靠餐廳側的枱身，可配合餐廳或客廳的整體色系，選用適合的面板做裝飾。工作枱面則有美耐板、珍珠板、人造石及不鏽鋼等可搭配。一般而言，人造石最耐用，美耐板則物美價廉，各有特色。櫃身的門當然不一定要朝廚房側開，高興的話，你也可以把抽屜的門朝餐廳開，讓客人自己隨興取用餐具。當然了，門上的把手也可自由選配，球狀把手、長條型把手、S型把手，只要你喜歡，沒什麼不可以。

層版

調酒入門者，可先善用流理枱

如果你才剛剛進入調酒的世界，或是對調酒有興趣，不確定是否能和調酒長長久久地愛戀，因而不想先花錢做吧枱的話，其實也可以將廚房流理枱枱面權充調酒工作枱。記得，請將枱面簡單區分為三個部分，一區放酒、一區放酒杯、另一區則做切水果、放冰塊的工作區，如此即使在流理枱上調酒，也不會手忙腳亂喔！

規畫儲藏收納的空間

廚房工作枱化身為吧枱後，朝廚房裡頭的一側，則可在櫃身內加入許多組機能性的五金配件，像是滑軌抽盤，以達儲藏功能。建議可為吧枱設計4個門，將櫃身分成4個部分，做2個大拉藍、3層抽屜，最靠牆的內側則以活動層板做上下層，可置放高度較高的器具，也可權充酒櫃；或是在層板上端加裝杯架，這樣一來，酒杯就有棲身之處了。

成形抽組

德式四邊藍

自創小吧枱：調酒吧枱簡易DIY

家庭酒吧Case 童心未泯的歡聚空間

吧枱主人

台北縣・陳先生

吧枱緣起

想把起居間規畫成朋友小聚的空間

起居間，變身酒吧！

　　初次看到這個火紅色吧枱及小酌空間的人，一定會被嚇一跳，因為，這簡直就是把pub搬進家裡了嘛！為什麼會在家裡布置一個媲美專業酒吧的吧枱呢？朋友滿天下的陳先生笑笑說，當初規畫新家時，多出一個用不到的起居間，由於自己喜歡和朋友小酌兩杯，朋友也常到家裡來小聚，索性就把這個空間設計成酒吧，這樣一來，大家就不必到外面喝酒，在家裡暢飲，輕鬆暢快，醉了還可以倒頭就睡！

一抹紅色筋斗雲

　　整個吧枱及布置以鐵及石頭為主要元素，椅子、吧枱、置酒架和置杯架都用鐵做為質材，牆壁則掛上方型的鐵塊和石頭做為裝飾，顯得相當有個性。吧枱設計概念為一朵紅色的雲，有點像孫悟空的筋斗雲。主人在吧枱後調酒，就好像在看孫悟空七十二變，相當有趣。

自創小吧枱：家庭酒吧①

以不鏽鋼材質，打造男人味

　　吧枱後方、靠牆的地方，規畫為放置各式酒類及調酒工具的空間，讓吧枱操作者一轉身就可以拿到需要的東西；酒架則統一採用不鏽鋼，和鐵製吧枱相呼應。由於吧枱上方就是天花板，無法設置置杯架，因此置杯架倒勾在置酒架上方的櫥櫃，除了掛酒杯，還掛了一些小擺飾，感覺很活潑。

創造有型的家庭酒吧，擺飾、燈光不可少

主人喜歡收集可口可樂瓶，以及有印地安風格的飾品，他將心愛的收藏放在吧枱周邊，營造出很man的氣息，喝酒時看到這些小東西，會讓人酒興也好了起來。

打造一個具有個人風格的家庭酒吧，小擺飾當然不可少，主人利用復古掛鐘、鈴鐺、羽毛等小東西，掛在牆壁及酒架上，使整體氣氛變得相當活

潑。此外，燈光更是營造空間氣氛的重要因素，因此，陳先生在靠牆的天花板上設置了投射燈，杯架上也有燈組專門伺候酒杯，當這些燈光一起打亮，看到它們各司其職地照亮裝飾品，此時，只會使人發出一種讚嘆：「哇！」

自創小吧枱：家庭酒吧 ❶

家庭酒吧Case 輕鬆明亮的小酌環境

吧枱主人

台北縣‧蔡小姐

吧枱緣起

想有一個輕鬆得像在度假的居住環境

穿透感十足的度假型小屋

蔡小姐一家人在台北縣新店的房子，採光佳，戶外風景極好，住在這個遺世獨立的山區裡，就像住在度假村，因此希望把房子設計成度假小屋，擁有絕對的輕鬆感。30多坪的空間並不算大，因此從一進門的客廳，到餐廳、廚房，並沒做成封閉格局，而是以四面櫥做為客廳及餐廳的間隔，餐廳和廚房的間隔則設計成開放式吧枱。這種開放式的空間格局，除了可讓前後採光都進到餐廳，讓小酌空間更明亮，也可讓主人從廚房直接看到前面兩廳，在廚房忙碌時，依舊能與客人有良好互動。

自創小吧枱：家庭酒吧❷

明亮簡約的吧枱設計

　　與廚房相連的吧枱，位置靠近後方陽台，這樣一來，也能從餐廳看見後方陽台的綠意，多了一個借位景觀。吧枱下方為木作，枱面則採磨光大理石板，具簡約風格，而主人在廚房內調配酒品，客人也可很隨興地站在吧枱，或將餐廳當做小酌空間。區隔客廳及餐廳的四面櫥，靠客廳的一端為電視櫃，靠餐廳的一端則是展示櫃。這個展示櫃的設計頗有趣味，功能性也很強，共規畫為六層，最下層的抽屜及最上層的拉門櫃可儲存雜物，中間四層則做開架設計，放置酒杯及主人偏好的烈酒，展示櫃的背面是鏡子，打上投射燈後，明亮感可和餐廳氣氛相互呼應。另外，主人還在靠牆的部分設計了一個木製小擺飾桌，上面放置木製紅酒架及水蠟燭，牆上則掛了一面小鏡子，一樣的簡約明亮風，為餐廳整體性加分不少。

攬窗外綠景，與好友暢意小酌

　　與展示櫃僅一步之隔的客廳，因為大玻璃窗外有極佳視野，主人家也喜歡將調好的酒品送到客廳，讓朋友在此或坐或臥，輕鬆隨性地小酌、聊天、擺龍門陣。注意到了嗎？牆上還是有一面小鏡子，這可是讓空間感延伸的小魔法哦！

自創小吧枱：家庭酒吧**2**

家庭酒吧Case ❸ 男人與家人的遊憩天地

吧枱主人

台北市・曾家

吧枱緣起

希望能在家庭生活中，營造獨立的私人空間

居家男人的私密空間

曾太太不喝酒,曾先生偶爾喜歡小酌兩杯,家裡重新設計裝潢時,曾先生就希望擁有一個屬於自己的品酒空間,家中空間也夠大,因此在客廳和餐廳之間加裝一個木製吧枱,如此一來,除了隔出一個獨立的小酌空間,吧枱也成為客廳和餐廳間的轉站。

處處可見巧思的圓柱狀吧枱

由於家中裝潢以木工為主,因此吧枱也以木製,強調整體感,並加裝藍色裝飾板,增加色彩流動。從大門走進曾家,會看到一個圓柱形的裝

飾櫃,其實這就是吧枱的最左側,與吧枱最右側的圓形桌面相互呼應。整個吧枱以半圓為造型,除了檯面和邊柱之外,上方的酒杯架也是圓柱狀,設計頗具巧思,和一般吧枱多做成長柱狀有很大差異,也讓空間多了些舒緩圓潤的感覺。

注意到置酒架上方的孔狀設計嗎?很特別,但這不僅是造型,還是空調進風口。曾先生家中除了有一般窗型冷氣外,還有嵌入式中央空調,吧枱上方正好是進風口,因此將置酒架上方做成孔狀設計,除了美觀之外,更重要的是,有通風功能哦!

吧枱內有一個工作檯以及三個置物櫃,主人在調配酒品時,除了可以在工作檯上操作,也可將工具和雜物置於上,保持吧面的整潔;而置物櫃則兼具酒櫃和儲藏功能,放置調酒工具和主人收藏的酒。

吧枱,也能變成親子空間

男主人不在家時,酒吧也是小孩的遊戲空間,小朋友最喜歡這個兩層設計的空間,經常和媽媽玩起老板和客人的遊戲。只見孩子把玩偶一字排開,端坐在吧枱上,當起販賣部老板;媽媽則一本正經地扮演起客人,和老板討價還價,母子倆因而有了一個下午的親密時光,吧枱也變身成親子空間。誰說吧枱只能是大人的世界?

自創小吧枱:家庭酒吧❸

材料

調酒，常會用到哪

些酒？

基酒類

基酒簡介

想來杯調酒，但是不是很常聽到別人問你：「喜歡哪類基酒？」到底，什麼是基酒呢？簡單地說，基酒是調製雞尾酒時使用頻率最高的酒，也是一杯雞尾酒的基調，它掌控成品的主體味蕾，可視做雞尾酒的基本精神所在，說它是這杯酒的骨架，一點也不為過。

基酒，雞尾酒的精神所在

大部分基酒都是高酒精度的蒸餾酒，最早是以伏特加、琴酒、龍舌蘭和蘭姆酒等4種為主。由於這4種烈酒大多透明無色，各有不同的酒香，因此容易用來搭配其他果汁或汽水，以調製各種顏色的雞尾酒。但隨著威士忌和白蘭地越來越受歡迎，也有不少調酒師會在這兩種酒上做變化，因此威士忌和白蘭地也被納入基酒行列。當然，調酒的變化越來越多，也不再局限以6大基酒做變化，倘若是用某種香甜酒為基調做出調酒，那香甜酒自然也就是那杯調酒的基酒囉！

材料：基酒簡介

伏特加Vodka

起源

　　伏特加的名稱Vodka，源於俄文的Voda，是「可愛之水」的意思，至於伏特加最早起源於何處？有一說是12世紀左右的俄國，另一種說法則是波蘭，兩國還曾經為了誰是伏特加的起源地，有過一段口舌之爭。

製法

　　儘管伏特加的發源地說法不同，但製造法倒是一致。根據記載，在12世紀時，當時人民以蜂蜜為原料，經蒸餾而製成伏特加，後來慢慢加入稞麥為主要原料，到了18世紀後，又將原來的材料混入馬鈴薯、玉米、小麥等穀物。各地的原料略有不同，一般來說都是以穀物為主，不過北歐各國和蘇聯的部分地區，則偏好用馬鈴薯做原料。現在的伏特加則是先將原料蒸餾後，製成酒精度數在95％以上的烈性穀物蒸餾酒，再用蒸餾水稀釋到40％～60％之間。

風味

　　蒸餾而成的伏特加新酒，味道粗澀味濁，必須經活性碳過濾去除雜味。活性碳裝在銅製或不鏽鋼的圓桶中，圓桶裡有多支銅管，新酒經這些銅管過濾後，就會成為無色、無味、透明的酒液，口味變得清甜，顏色也純淨透明。除了最常見的純伏特加外，市面上也有加味伏特加，意即，在伏特加原酒裡加入水果或蔬菜口味，就成為各色的伏特加。例如：檸檬伏特加、蘋果伏特加、梨子伏特加，甚至還有辣椒伏特加。

搭配性

　　由於俄羅斯和波蘭都自認是伏特加的原始產地，因此這兩國競相生產各式伏特加，波蘭沿岸諸國也跟著大量生產，不過，近年來美國急起直追，出產的伏特加品質可說是後來居上，也進而成為全世界生產伏特加的大宗。雖然伏特加的價格不如白蘭地或威士忌高貴，不過由於它無色無味，酒精濃度又高，很容易和其他飲品搭配，因此伏特加在調酒的酒譜裡，和琴酒一樣占有相當重要的地位。只要準備一瓶伏特加，就可以變化出多種調酒。

ABSOLUT
Country of Swede
VODKA

This superb vodka
was distilled from grain g
in the rich fields of souther
It has been produced a
distilleries ne

材料：伏特加

蘭姆酒Rum

起源

　　一般認為，蘭姆酒的由來約在17世紀初，當時英國人移民到西印度群島上的巴布多斯島（Barbados），島上盛產甘蔗，而當地的土著用製糖剩下的甘蔗渣釀酒，風味頗佳，因此嘗試改以蒸餾法製酒。土著初次飲用這種酒時，因為酒精濃度高，酒醉後，整個人飄飄然的相當high，當時，「興奮」的英語說法為Rumbullion，因此將字首Rum保留下來，成了酒的名稱。

製法

　　蘭姆酒的製法是先將甘蔗榨出汁，熬煮後經過真空蒸餾分離出砂糖結晶，將剩下的蜜糖用水稀釋，加入香料及酵母，經過發酵釀造再蒸餾而成。蘭姆酒因產地和製法不同，可分為許多類型。若以色澤分，可分為白色、金色和深色蘭姆酒三大類；若按口感風味分，則可分為清淡型、中間型和厚重型蘭姆酒。

風味

　　白色蘭姆酒（White Rum）風味較清淡，也有人稱為 Light Dry，意指：沒有甜味的酒，所以也稱做「淡蘭姆酒」。金色蘭姆酒（Gold Rum）則介於無色和深色蘭姆酒之間，口感微甜。深色蘭姆酒（Dark Rum）則因為在蒸餾時添加了刺槐及鳳梨汁，口感特別醇厚。同樣是蘭姆酒，深色蘭姆酒濃重有個性，酒精濃度可達65%；而白色蘭姆則柔順溫醇，35%的酒精濃度和清淡的口味，很適合調製雞尾酒，就像一對個性截然不同的雙胞胎，這也是蘭姆酒的另一個特色。

搭配性

　　蘭姆酒除了是製作甜點時不可或缺的材料，在調酒世界也占有一席之地。清淡型蘭姆酒，口味乾爽、酒香柔和，而且呈淡黃色或無色透明，因此幾乎所有用琴酒、伏特加調配的雞尾酒，都可用它來替代；無論和果汁或蘇打水搭配，都能調製成風味獨特的調酒。厚重型蘭姆酒，有濃厚的香味，顏色為琥珀色系，因此很適合調製各種熱帶風情的飲料，當然也可以當做單品直接品嘗。冬天時如果想快速取暖，可以試試來一杯熱蘭姆酒，保證讓你從身體暖到心裡。

0% FINE JAMAICAN RUM

WORLD FAMOUS

MYERS'S RUM

Original Dark

材料：蘭姆酒

琴酒Gin

起源

　　若有人說琴酒原本是藥酒，你可不要不相信。17世紀，荷蘭萊頓大學教授席爾華斯把杜松子浸泡在酒精中予以蒸餾，作為利尿解熱的解熱劑，以保護荷蘭人免於感染熱帶疾病，這就是杜松子酒的由來。沒想到這酒的口味受到愛喝酒的人喜愛，不久就被當做一般酒類飲用，而後傳入英國，更是大受歡迎，在美國則被廣泛用於雞尾酒的調製上；琴酒，因此傳遍了全世界。琴酒的名稱緣於法語 Geniever，就是杜松子酒的意思，後來英國人縮寫為 Gin，因此而得名。

製法

　　琴酒是以玉米、大麥、稞麥等穀物為原料，經過糖化發酵後，以連續式蒸餾機製造出酒精濃度達90％～95％以上的蒸餾酒，再加入杜松子，以及甘草精、檸檬皮、橘子皮、肉桂……等香味原料，重新放入單式蒸餾器中蒸餾而成。除了杜松子外，有些酒廠甚至還使用檸檬皮、桔子，或當歸、胡薑、肉桂等各種藥草，因此，琴酒除了具有強烈的杜松子味道外，還會帶有一些辛辣香味。

風味

　　目前琴酒的主流是 Dry Gin，歐洲許多國家都生產琴酒，不過因為原料和二次蒸餾時加入的水果或香料不同，口感仍會有所差異。英國因為水質好，製作出的琴酒廣受各國歡迎，市場占有率最高。常見的倫敦琴酒以麥芽及五穀為原料，英人牌琴酒則多了柑橘果皮的味道。荷蘭是琴酒的發源地，自然輸人不輸陣，琴酒種類也不少，同時在瓶子上花費心思精心設計，常讓人愛不釋手。

搭配性

　　琴酒和伏特加一樣，都是無色透明的酒，只不過多了些水果或香草的香氣，加冰塊單獨品嘗就十分清香爽口，當做基酒調製成雞尾酒，則更能顯現誘人魅力。以琴酒設計出的酒譜多達一千餘種，可說占有極大的重要性與分量，例如，最古典的琴湯尼、螺絲起子、馬丁尼、紅粉佳人、琴費司等，因此，有人將琴酒譽為「雞尾酒心臟」，這可說是名符其實。

材料：琴酒

龍舌蘭 Tequila

起源

　　龍舌蘭是仙人掌的一種，生長在海拔兩千公尺以上的墨西哥中部，從萌芽到長成約為8～10年。它的果實外觀是類似鳳梨的球莖果實，但體型碩大，直徑約70～80公分，重量在30～40公斤左右；用來釀製龍舌蘭酒的，就是這個碩大的果實。不過龍舌蘭共有400多種品種，以一般龍舌蘭果實發酵蒸餾出的酒，只能稱為美斯卡兒酒（Mezcal）；墨西哥政府規定，只有墨西哥北方一個叫做特吉拉（Tequila）的小城鎮，所製作出的藍色龍舌蘭蒸餾酒，酒精濃度在40％以上，才能稱為Tequila。

製法

　　製酒方法是，把從龍舌蘭採收下的果實先置於鍋爐內，以85℃的溫度蒸煮約24～48小時，讓纖維在蒸煮過程中軟化，之後壓榨、萃取甜汁置於桶內，以一週的時間發酵，再經過連續蒸餾、儲藏的步驟，裝瓶後即成。

　　較高等級的龍舌蘭酒會使用大約17種天然酵母菌進行發酵，可使酒具有細緻的風味，如果以人工酵母菌釀造，酒的風味則會欠缺天然風味，成品略為遜色。

風味

　　龍舌蘭酒可放在橡木桶儲存，也可置於一般不鏽鋼桶中。利用橡木桶儲存熟成的龍舌蘭酒，酒液吸收橡木色澤和芬芳後，會呈淡琥珀色，稱金色龍舌蘭（Gold Tequila），口感較圓潤。置於不鏽鋼儲存桶熟成的龍舌蘭酒，則呈無色透明，稱白色龍舌蘭（White Tequila），具龍舌蘭酒原有的芳香。另外還有種帶蟲龍舌蘭酒，是在酒中加入一種生長在龍舌蘭上的小蟲（Gusano Rojo），不同品牌加入的蟲數不一，通常是1～5隻，這類酒在南美一帶很受歡迎，不過在國內並不多見。

搭配性

　　龍舌蘭酒的味道強烈，口感狂野，早已深受墨西哥印地安人的喜愛，在16世紀時還被當做慶祝戰勝狂歡的用酒。除了當做調酒的基酒外，最常見的單喝法，就是先在姆指與食指虎口間撒上鹽巴，咬一口檸檬角、吸吮檸檬汁後，舔一下虎口上的鹽，再將一小杯龍舌蘭酒一飲而盡，讓酸鹹和強烈的酒味融合，這是一種很印地安式的豪邁喝酒法。

材料：龍舌蘭

威士忌 Whisky

起源

　　威士忌是怎麼來的？一般認為是西元1171年時，英格蘭王亨利二世帶領軍隊攻進愛爾蘭時，發現當地人飲用一種名為「生命之水」的大麥釀製蒸餾酒。這種酒酒精濃度高，喝過的士兵都覺得身體發熱，暖和了起來，可抵禦嚴寒，此種酒因而被認為是威士忌的始祖。

製法

　　由於製造過程雷同，酒液又都呈琥珀般的金黃色，許多人因而分不出白蘭地和威士忌的差別；其實這兩者最大的不同，在於白蘭地是以水果為原料，威士忌則是以大麥、玉米、稞麥等穀類做原料，經過發酵、蒸餾等步驟後，再置於酒桶內熟成。威士忌的品質好壞和儲藏在木桶內的時間長短有極大關係，儲存的時間越久，氣味和口感就會更馥郁。一般的威士忌蘊藏4年即可，超過12年以上的，則可視為高級品。

搭配性

　　以麥類釀製而成的蘇格蘭威士忌，帶有些微的煙燻味，擁有不少愛好者。美國出品的波本威士忌，味道偏甜，因此也常用於調酒。

風味

　　威士忌的種類若依產地做區別，可分為蘇格蘭威士忌（Scotch Whisky）、愛爾蘭威士忌（Irish Whisky）、加拿大威士忌（Canadian Whisky）、美國威士忌（American Whisky）等等，各產區的原料和製造方法都略有差異。若依原料區分，則有麥芽威士忌、穀類威士忌、玉米威士忌，以及調配威士忌等等。各威士忌產地，也都會生產以各種不同原料製成的威士忌，例如：蘇格蘭威士忌，就有麥芽威士忌、穀類威士忌和調配威士忌等等；其中，麥芽威士忌（Malt Whisky）只使用大麥麥芽為原料，還可再細分為單一麥芽威士忌（Single Malts Whisky）、純麥威士忌（Pure Malt Whisky）兩種；前者是指在單一蒸餾廠製作的酒品，後者也是以麥芽為原料，但會混合不同蒸餾廠的威士忌。

　　愛爾蘭威士忌以大麥麥芽、稞麥、玉米和小麥等原料製造；美國威士忌則以波本威士忌（Bourbon）較有名，主要原料是玉米；加拿大穀類威士忌（Grain Whisky）也以玉米為主，再加入低比例的麥芽。此外各國也都出產調配威士忌（Blended Scotch Whisky），這已成全球威士忌大宗，每家酒廠的調酒師會調和不同酒廠的原酒，混合比例和種類全都是最高機密！

材料：威士忌

白蘭地 Brandy

起源

　　白蘭地的英文是由荷蘭文的Brandenijn而來。起源有兩種，一說是16世紀一名荷蘭商人進口酒時，為了節省船艙空間，便將葡萄酒蒸餾濃縮成酒精而得名；另一說是，白蘭地起源法國，某年葡萄大豐收，一家葡萄酒廠把盛產的葡萄酒加以蒸餾，再置於橡木桶中保存，意外生產出結合果香和桶木芳香的酒，這種製酒法因此被法國葡萄酒莊大量複製，於是有了白蘭地的產生。白蘭地，原指把葡萄酒再蒸餾而成的烈酒，不過演變至今已不限於用葡萄，凡是以水果為原料，經發酵、蒸餾及混合而製成的酒，都可稱為白蘭地。

製法

　　一般而言，「白蘭地」就代表葡萄白蘭地，但若以單一水果製成，則以該種水果命名，例如：櫻桃白蘭地、草莓白蘭地或蘋果白蘭地等等。

　　無論原料為何，白蘭地的基本製造過程都相同，都得先將水果發酵，再蒸餾成透明無色的蒸餾酒，放入橡木桶長期儲存，熟成後再將不同年份、不同橡木桶中的蒸餾酒相互調配，成為品質均一的成品。一般葡萄酒會選擇甜度高的葡萄，但製作白蘭地恰好相反，要選甜度低、酸度夠的葡萄，在蒸餾過程中，原本的酸味才會轉為酒香。

風味

　　白蘭地的品質好壞還取決於橡木桶，若橡木的纖維組織細微，透氣量低，則所含單寧（Tannin）少，長期儲存在這樣的酒桶中，就會增添酒味的細緻，顏色也會從透明無色漸漸變為琥珀色。決定白蘭地品質好壞的最後一道關卡，則是釀酒師的調配過程，上等白蘭地都是由不同酒齡的多種白蘭地調配而成，至於比例和方法，則是各家酒廠的最高機密，釀酒師不僅需具備精深的釀酒知識，還要有非常靈敏的嗅覺和味覺。

搭配性

　　白蘭地常見的等級包含V.S.（Very Superior）、V.S.O.P.（Very Superior Old Pale）、X.O.（Extra Old）、Extra等等。最高等級的白蘭地可以單獨喝或簡單加冰塊就好，若要用於調酒，也最好是調酒步驟簡單的酒品。風味較濃重的白蘭地，就適合用來做步驟、材料較多的調酒。一般而言，美國生產的白蘭地，風味屬於輕淡型；德國白蘭地則稍帶甜味，適合在晚餐之後飲用；義大利白蘭地風味則較濃重。

材料：白蘭地

香甜酒類

香甜酒簡介

香甜酒的英文名稱是Liqueur，因此，在不少酒吧裡看到的「利口酒」，就是直接由英文音譯而來；此外，也有人翻為「利喬酒」。據說利口酒是由古希臘醫生所發明，當時他們為了製作藥水，將草藥浸泡在葡萄酒中，加工處理過後的葡萄酒不但色澤美麗，更有一股香甜的風味。Liqueur在拉丁語中有「融化」的意思，在英美則將Liqueur稱為Cordial，代表興奮、有精神之意，可見這種酒品和單品烈酒不同，它喝起來可是多了一點柔軟的浪漫。

充滿果香與花香

香甜酒，泛指在威士忌、白蘭地或各種蒸餾烈酒中，加入水果、花、香草等植物，甚至還會再加入色素或糖漿的混合酒。此種酒品和一般烈酒比起來，酒精度略低，但香味和甜味卻增加，顏色也各式各樣，非常賞心悅目。所以香甜酒不但聞起來極香，而且口味甘美，不但可以在餐前餐後單獨飲用、拿來調製雞尾酒，更能創造出色香味俱全的藝術作品。

人稱「液體寶石」

香甜酒也被稱為「液體寶石」，顧名思義，是指它不但顏色鮮豔晶瑩，口味也相當豐富，有水果、榛果、香草、咖啡或牛奶類。香甜酒在調酒中占了相當重要的角色，如果沒有這些種類豐富的香甜酒，就不可能調出那麼多種雞尾酒。因此，想在家做調酒，選擇幾款自己喜歡的香甜酒口味是必要的。利用幾種基本款香甜酒，配上基酒或果汁，就能變化出各式各樣的調酒魔術。

甜酒系列

香甜酒多屬甜酒類，以水果系為大宗，柑橘類的香甜酒最常被拿來運用。這種酒是以柑橘和烈酒為主要原料，具有淡淡的柑橘香，相當適合用來搭配琴酒和伏特加，常見的有：透明的MB白柑橘香甜酒、藍色的MB藍柑橘香甜酒，以及常被歸在白蘭地類的Grand Marnier 香橙干邑甜酒等。酒精濃度則從25%～40%不等。

以水果系甜酒最常見

若是喜歡特定的水果酒味，例如：桃子、荔枝、椰子、哈蜜瓜等，則可選擇MB荒唐查理香甜酒、波士荔枝香甜酒、三得利蜜瓜甜酒，以及馬里布椰子蘭姆酒等等。這類水果酒精濃度都在17%～23%左右，特色是香氣十足、顏色多變而偏甜，但酒精度不算太高，很適合調製熱帶雞尾酒。

榛果香甜酒 + 果汁，讚

另外，榛果口味的香甜酒，則以莎蘿娜杏仁香甜酒最常見，這款義大利製的杏仁酒，酒精濃度為28%，調製簡單，搭配柳橙汁或檸檬汁都很出色。

咖啡系列

咖啡口味香甜酒也是酒吧不可或缺的酒品，很受調酒入門者歡迎。特色是，甜度高、具濃濃咖啡香，酒精濃度中等，約在17%～24%左右。此種酒大都以威士忌等烈酒為底，再與咖啡豆或可可豆萃取液一起蒸餾而成，有的會再加入牛奶、蛋或鮮奶油，以調配成不同口味。

可單獨品嘗，也可搭配咖啡、牛奶

市面上常見的咖啡系列香甜酒包括：卡魯哇香甜酒、貝禮詩香甜酒、MB可可亞香甜酒、波士白可可亞香甜酒等等。其實，此種酒只要加入冰塊就可以單獨品嘗，也可以直接加入冷、熱咖啡中，甚至和冰牛奶混合也別有一番香醇風味。但要注意，請避免和果汁及酸性飲料混合，否則酒品很容易結塊，口感不佳，也影響美觀。

薄荷系列

薄荷香甜酒，大都是在陳年葡萄白蘭地中浸漬天然薄荷葉，讓薄荷香氣和天然葉綠素進入酒中，讓酒色保有薄荷葉的青綠色。若只想取薄荷的清涼感，就得再蒸餾成透明無色的薄荷酒，因此薄荷香甜酒有綠色和透明無色兩種。專門生產香甜酒的波士和MB這兩大酒廠，也同樣生產此兩款薄荷香甜酒。酒精度在20%～24%左右。

綠薄荷酒，可做餐後酒、配冰淇淋

綠薄荷香甜酒因為顏色鮮翠、口感清涼香醇，常被用來做餐後甜酒或調製雞尾酒，著名的「飛天蚱蜢」就是利用綠薄荷酒製成。此外，吃香草冰淇淋或瑞士巧克力冰淇淋時，淋一點綠薄荷酒，不但看起來會更漂亮，味道也多一層變化。

白薄荷酒，和咖啡很速配

無色的白薄荷酒則常被用來搭配咖啡。例如，愛爾蘭咖啡除了可以加入威士忌外，也可用白薄荷酒取代；拉丁咖啡，則是在冰咖啡中加入鮮奶油及白薄荷酒。此外，葡萄酒中加入白薄荷酒，就會變成葡萄淡酒，口感特別清新。

材料：香甜酒

調酒好伴侶

調酒重要配角簡介

如果說6大基酒和各類香甜酒是調酒的骨幹，果汁、汽水和糖漿等就是調酒的軀體，有了這些調酒好伴侶，才能製造出一杯色香味俱全的雞尾酒。

誰能左右調酒的風情

基酒掌握調酒的精神，果汁、汽水和糖漿卻能左右調酒的風情，使用同樣的基酒，在不同的調酒好伴侶陪襯下，就會有全然不同的口感。學做一杯好調酒前，你不能不認識這些重要的配角。

果汁

果汁，是調酒時使用範圍最廣、機率也最高的配角，其中尤以柳橙汁居冠；只要在柳橙汁中加入適當比例的伏特加或龍舌蘭，一杯最簡單的調酒就誕生囉！萊姆汁，使用的機率也很高，搭配蘭姆酒尤其對味。葡萄柚汁，在使用上有個小訣竅，只要是使用鹽口杯的酒，葡萄柚汁略苦的口感和鹽口杯正好速配。鳳梨汁，則被廣泛使用在製作具有熱帶風情的飲品上，如果想調出甜郁的飲品，加鳳梨汁準沒錯。

另外，可別忘了檸檬汁的存在，雖然每次使用的分量不多，但少了它的那點酸味，就提不出調酒的特色了。如果覺得每次都得擠檸檬很麻煩，可以買濃縮檸檬汁替代，不過濃縮原汁還是少了一些到位的酸味。因此建議你，可在檸檬盛產季時多買一些，一次擠完所有檸檬，冰在製冰盒中做成檸檬原汁冰塊，每次要使用時，取一塊出來調酒就行了。

汽水

汽水，可以為調酒的清涼感加分，便利商店就買得到的七喜、雪碧、可樂都很好用。而沒有甜味的蘇打水、薑汁汽水，則可呈現基酒或香甜酒的原味，比較大型的超商都買得到喔！

糖漿

糖漿，除了可增加調酒的甜味外，更重要的功能是增添香氣和豐富色澤。最常被拿來在調酒時使用的是石榴糖漿，它那鮮紅色澤在需要營造漸層效果的調酒中，是最重要的功臣；此外，像紅粉佳人等粉色系的調酒，也得仰仗石榴糖漿的紅色魅力。

除了石榴糖漿外，還有玫瑰糖漿、水蜜桃糖漿等等，不過這些糖漿的單價比石榴糖漿稍高了一些。如果家裡剛好都沒買這些糖漿，用果糖代替也可以，不過在色澤表現上就會遜色許多了。

材料：調酒好伴侶

道具

認識酒杯和器材

如何選用酒杯？

你知道調酒用的杯子大致可分為「平底無腳杯、矮腳杯和高腳杯」這三種嗎？

你一定常在酒譜中見到高球杯、香檳杯、岩口杯等各式各樣的酒杯名稱，到底什麼酒要用什麼杯，常讓人眼花撩亂。其實調酒用的杯子可分為三種：平底無腳杯、矮腳杯和高腳杯，有些杯子造型類似，但因容量不同而有不同的名稱。

嚴格來說，審慎的酒譜對每種調酒都有規定用杯，但隨著調酒風潮越來越隨興，其實只要知道杯子的使用原則、選擇容量適合的杯子（也要同時考量冰塊數量是否會影響酒的濃淡），在家做調酒時，就可隨興搭配自己喜歡的酒杯，增加品酒樂趣。

平底無腳杯

平底無腳杯（Tumbler）是指沒有杯腳，杯身和杯底相連的玻璃或水晶杯，杯身有筆直狀、喇叭狀，或是牛角狀的弧線型；最常見的包括：一口杯（shot glass）、威士忌杯（又稱 old fashioned）、高球杯（highball）、高林杯（collins）、殭屍杯（zombie），以及比爾森啤酒杯（pilsner）等等。

一口杯，容量很小，多用於一口可以乾杯的調酒，例如：尼古拉斯加、轟炸機。威士忌杯，常用於品嘗加冰塊的威士忌。高球杯和高林杯的差異在於容量，高林杯的容量比高球杯多了 3 oz。而啤酒杯的容量就更大了，從 10 oz～13.5 oz 都有。

一口杯

牛角杯

威士忌杯

高林杯

道具：酒杯

矮腳杯

白蘭地狹口杯

颶風杯

記得，可別拿杯子直接挖冰塊，或是將熱飲倒入冷杯裡喔！

矮腳杯（Footed ware）在杯身和杯底間僅有很短的杯腳相連，有的杯腳會做成螺旋狀變化；有的杯子杯腳不明顯，杯身就像是直接坐在杯底上，這類酒杯也被歸為矮腳杯。傳統的矮腳杯包括岩石杯（rocks）、矮腳啤酒杯（beer）、白蘭地狹口杯（brandy snifter）和颶風杯（hurricane）。

其實只要盛得下、容量相符，大部分加冰塊的飲品都可以使用矮腳杯，因此，矮腳杯早已被廣泛運用在各種酒品及飲料中。

如何保養酒杯？

1. 不要把杯子堆在一起，最好能倒吊在杯架上，或單獨置放杯櫃中。
2. 不要和其他器具一起洗，以避免碰撞而破損。
3. 如果要放在洗碗機裡洗，不可和銀製餐盤碟子一起洗。同時注意杯子有沒有經過加熱處理，有的話，才能放進洗碗機洗。
4. 不要拿杯子挖冰塊，或是將熱飲倒入冷杯中。
5. 有缺口或裂痕的杯子請立刻丟掉，以避免刮傷，或使用時突然破掉。

高腳杯

高腳杯（Stemware）是指任何具有明顯杯身、杯腳和杯底三部分的杯子，這都歸在高腳杯的範圍內。這類杯子的高腳功能，除了看起來很美觀，還方便飲者在品酒時可以搖晃酒杯，欣賞酒液的色澤。高腳杯的種類最多，有雞尾酒杯（cocktail）、沙瓦杯（sour）、瑪格麗特杯（margarita）、香檳杯（champagne）、多用途杯（all-purpose）及香甜酒杯（liqueur or pony）。

香檳杯

由於造型的關係，雞尾酒杯裡通常不放冰塊，以方便飲用；多用途杯則可用於品嘗各種葡萄酒。

如何選購酒杯？

許許多多的酒杯名稱，弄得人眼花撩亂，其實選購時，大可以把名稱丟一邊，先考慮杯子的容量大小，其次再考慮重量、耐用性和造型。越有造型的杯子雖然越漂亮，但也越容易破損，收藏時還得有專櫃伺候。這裡雖然介紹了三類杯子，但其實只要買同一款的、幾種不同容量的杯子就夠用了：買杯子這件事，不一定要想得很複雜。

香甜酒杯

道具：酒杯

多用途杯

調酒必備器材

在家做調酒需要很多道具嗎？一點也不，簡單準備一些器材，就可以準備當個調酒魔術師了。

家裡現成的果汁機和製冰盒，調酒時都用得上呢！

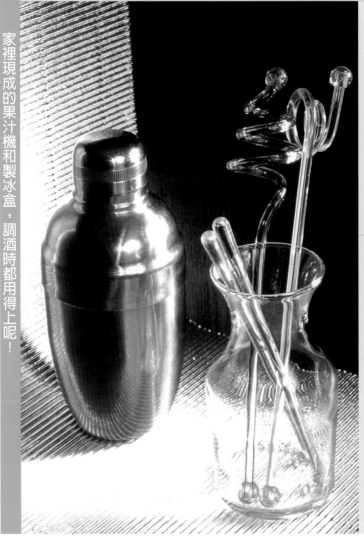

搖酒器 攪拌棒

調酒的製作方法大致可分為：搖勻和直接攪拌兩種。搖酒器有不鏽鋼製和塑膠製等材質，建議使用不鏽鋼製的，因為不鏽鋼搖酒器會告訴你調酒要搖多久，也就是說，當鋼瓶外層被你搖到結霜，這杯酒就可以倒出來了。

市面上有許多不同造型的攪拌棒，可依照個人需求購買長短不一的攪拌棒。當然，各種顏色和形狀的攪拌棒，將更能增添調酒情趣。

濾冰器
量杯

部分調酒的成品是要去冰的，因此濾冰器的功能就是放在搖酒器口，只讓酒液流出，而冰塊就留在搖酒器中。不過也有些人是直接以搖酒器上層的蓋子擋住冰塊，取代了濾冰器的功能。

另外，對於初學者來說，量杯是很重要的工具，它可以精確告訴你各種材料的比例是否正確，所以不要偷懶，趕快準備一個量杯！

果汁機
製冰盒

冰塊是調酒的靈魂，一杯不夠冰的調酒，風味就差多了。所以，別忘記隨時在家製盒冰塊備用。而果汁機則主要是用來製作冰沙。

道具：器材

來調酒吧

調酒魔術師換你當

螺絲起子 Screwdriver

口感

多了點酒味的果汁。

材料

冰塊
伏特加　1.5 oz
柳橙汁　適量

GO 作法

1 冰塊放入高球杯中，再倒入伏特加。

2 加入柳橙汁。

3 以攪拌棒攪拌均勻。

4 杯口加些裝飾就okay啦！

伏特加類

來調酒吧

小撇步

1. 這是最簡單的調酒啦！可使用任何果汁來替代柳橙汁，不妨試試芭樂汁、芒果汁或葡萄汁，創造一杯最有個人風格的調酒。
2. 口味重的人，則可增加伏特加的分量。

鹽狗 Salty Dog

伏特加類

來調酒吧

口感

當鹽巴遇上葡萄柚汁，會產生什麼美麗的變化？多層次的口感，不試試還真難體會。

材料

冰塊
伏特加　　　1.5 oz
葡萄柚汁　　適量
檸檬角　　　1個
食鹽　　　　少許

作法

1 以檸檬角在杯（高球杯或雞尾酒杯）口滾擦一圈。

2 將鹽放在淺盤內舖平，把杯子放入盤內輕輕旋轉，均勻地沾上鹽粒。

3 以手輕拍杯底，抖掉杯口多餘鹽粒。

4 在杯中放入冰塊，倒入伏特加及葡萄柚汁即可。

小撇步

1. 如果不做鹽口杯，單純是伏特加和葡萄柚汁的組合，就是另一款調酒「灰狗巴士」。
2. 口味重的人，則可增加伏特加的分量。

黑色俄羅斯Black Russian

口感

甜甜咖啡香撲鼻而來,如果你喜歡焦糖瑪琪朵,就一定會喜歡黑色俄羅斯。

材料

冰塊
伏特加　　　　1.5 oz
卡魯哇咖啡酒　1 oz

GO作法

1 將冰塊放入威士忌杯中,倒入伏特加。

2 再加入卡魯哇咖啡酒。

3 以攪拌棒略微攪拌。

4 叉子插上櫻桃後,直接丟入杯中即可。

伏特加類　來調酒吧

小撇步

1. 在成品中加入牛奶,就成了另一款調酒「白色俄羅斯」哦!
2. 如果品酒的對象是嗜酒型的朋友,我就會加入一點櫻桃香甜酒,以增香氣和酒精濃度。

神風特攻隊 Kamikaze

口感

一點點甜、一點點辣，還有點回甘的柑橘味，喝了會生出勇氣和力量哦！

材料

冰塊
伏特加　1.5 oz
柑橘酒　0.5 oz
萊姆汁　0.5 oz
檸檬角　1個

作法 GO

1 將冰塊放入搖酒器內。

2 放入伏特加、柑橘酒、萊姆汁。

3 擠入檸檬角。

4 搖晃搖酒器，直到鋼瓶表面結薄霜為止，再倒入雞尾酒杯中即可。

伏特加類
來調酒吧

小撇步

1. 萊姆汁可用檸檬汁替代，怕酸的話可以加一些糖水。
2. 檸檬角可丟入搖酒器內和酒一起搖，嘗起來會更有檸檬的清香。

轟炸機 B-52

口感

甜辣中帶有咖啡香，一口喝盡，過癮無比。

材料

伏特加	0.3 oz
卡魯哇咖啡酒	0.3 oz
貝禮詩奶酒	0.3 oz

GO 作 法

1 將咖啡酒倒入一口杯中至1/3處。

2 將奶酒沿著湯匙背，從杯緣緩緩注入杯中。

3 換一支湯匙，將伏特加沿著湯匙背，從杯緣緩緩注入杯中。

4 在杯上點火即可。

伏特加類 來調酒吧

小撇步

1. 三種材料的比例都是三分之一，視杯子大小而定，不過杯子的容量必需是一口能喝完。
2. 這杯酒最痛快的喝法，就是在火還沒熄滅時，插入吸管一口氣喝完，一定要一口氣喝完哦，不然要小心火會燙嘴。
3. 很適合在生日宴會中當生日快樂酒。

邁泰 Mai-Tai

口感

酒味頗重，嘗起來有香甜的熱帶風情感。

材料

冰塊		柳橙汁	1.5 oz
白蘭姆酒	1 oz	鳳梨汁	1.5 oz
柑橘酒	0.5 oz	石榴糖漿	0.3 oz
萊姆汁	0.5 oz	黑蘭姆酒	0.5 oz

GO 作法

1 將冰塊放入搖酒器，倒入白蘭姆酒、柑橘酒、萊姆汁、柳橙汁及鳳梨汁，搖晃均勻。

2 連冰塊一起倒入威士忌杯中。

3 將石榴糖漿沿湯匙或攪拌棒倒入杯中，成為底層的紅色。

4 將黑蘭姆酒淋在冰上，不需攪拌，杯口加上裝飾即可。

蘭姆酒類 來調酒吧

小撇步 任何一種熱帶水果果汁和邁泰都很麻吉，不妨試試用其他果汁搭配，肯定別有風情。

椰島戀情 Pina Colada

口感

喜歡椰奶和鳳梨汁的人,選這杯就對了!

材料

冰塊	
白蘭姆酒	1.5 oz
椰子蘭姆酒	0.5 oz
鳳梨汁	4.5 oz
椰奶	1 oz

G〇 作 法

1 將冰塊放入搖酒器,倒入白蘭姆酒和椰子蘭姆酒。

2 倒入鳳梨汁和椰奶,然後搖晃均勻。

3 連冰塊一起倒入牛角杯或高林杯中,即大功告成。

蘭姆酒類

來調酒吧

小撇步

1. 如果沒有椰奶,也可用牛奶、奶精、奶油球替代。
2. 可將鳳梨罐頭整罐倒入果汁機內打碎,取代鳳梨果汁,味道會更香。

百香戴克瑞 Passion Fruit Daiquiri

口感

酸酸甜甜，百香果的濃香是見面禮，酒和果汁的比例是一比一，別傻傻的一口氣喝完，醉倒不負責。

材料

冰塊	
白蘭姆酒	1.5 oz
百香果汁	0.5 oz
萊姆汁	0.5 oz
桃子香甜酒	數滴

GO 作 法

1 將冰塊放入搖酒器。

2 倒入白蘭姆酒、百香果汁和萊姆汁。

3 搖晃均勻後倒入雞尾酒杯，冰塊不入杯。

4 滴幾滴桃子香甜酒增加香氣，就大功告成了。

蘭姆酒類

來調酒吧

小撇步 新鮮百香果汁不易尋，可用濃縮果汁還原，注意不要調得太濃，太甜就會搶了酒香。

草莓戴克瑞 Strawberry Daiquiri

口感

有點酸、有點甜,不過別小看她的後勁哦!

材料

冰塊
白蘭姆酒　　1.5 oz
草莓酒　　　1 oz
萊姆汁　　　0.5 oz

GO 作法

1 將冰塊放入搖酒器,倒入白蘭姆酒。

2 倒入草莓酒。

3 倒入萊姆汁。

4 搖晃均勻後,去冰,倒入雞尾酒杯即可。

蘭姆酒類　來調酒吧

小撇步
1. 沒有草莓酒的話,可用草莓果汁代替。
2. 蘭姆酒可以再多加一點,提升酒味。

馬丁尼 Martini

口感

甘甘的、香香的，飯前來一杯，保證開胃。

材料

琴酒	1.5 oz
苦艾酒	數滴
橄欖	2個

GO 作法

1 將冰塊放入搖酒器中，倒入琴酒。

2 滴幾滴苦艾酒。

3 略略攪拌後，將酒倒入雞尾酒杯中，但冰塊不要倒入杯中。

4 叉子插上橄欖當攪拌棒，放入杯中即可。

琴酒類 來調酒吧

小撇步

1. 馬丁尼搖了會起泡，因此這杯酒以攪拌法來做就好。
2. 可滴入幾滴檸檬汁，更添風味。
3. 可用濾冰器濾掉冰塊，或以搖酒器的蓋子擋掉冰塊。

琴費司 Gin Fizz

口感

淡淡檸檬香，有透心涼的感覺，很適合夏天喝。

材料

冰塊	
琴酒	1.5 oz
檸檬汁	0.5 oz
細砂糖	少量
蘇打水	適量

GO 作法

1 將冰塊放入搖酒器，再放入細砂糖。

2 倒入琴酒和檸檬汁，搖晃均勻。

3 將酒倒入高球杯中，再緩緩注入蘇打水。

4 在杯口裝飾檸檬角即可。

琴 酒 類

來調酒吧

小撇步

1. 砂糖不易溶解，要搖久一點，喜歡甜味的人，可多加一些砂糖。
2. 蘇打水可用七喜汽水代替，不過砂糖就得減量。

紅粉佳人 Pink Lady

口感

綿密的泡泡加上淡淡的甜香，
能營造浪漫好心情。

材料

冰塊	
蛋白	1個
琴酒	1 oz
萊姆汁	0.5 oz
石榴糖漿	0.5 oz

作法 GO

1 冰塊倒入搖酒器，再放入一個蛋白。

2 加入琴酒、石榴糖漿和萊姆汁，搖晃均勻。

3 隔著濾頭先將酒倒出，打開濾頭後再將泡泡舖在酒上，但冰塊不要倒入杯（雞尾酒杯或香檳杯）中。

4 杯口裝飾櫻桃即可。

琴 酒 類　來調酒吧

小撇步

1. 蛋白的蛋膜不會溶化，所以記得先撈起來不要打進去。
2. 加一點點櫻桃糖漿，味道會更濃郁香甜。

新加坡司令 Front Page Today

口感

多層次的甜味變化，使人彷彿
置身熱帶島嶼。

材料

冰塊		鳳梨汁	2 oz
琴酒	1 oz	柳橙汁	2 oz
柑橘酒	0.5 oz	櫻桃白蘭地	0.5 oz
石榴糖漿	0.3 oz	蘇打水	半瓶
萊姆汁	0.5 oz		

GO 作 法

1 冰塊放入搖酒器，倒入琴酒、柑
橘酒、萊姆汁、鳳梨汁和柳橙
汁，搖晃均勻後倒入高球杯中。

2 石榴糖漿沿著湯匙背，
從杯緣緩緩注入杯中。

3 在冰塊上方慢慢注入蘇打
水。

4 最後倒入櫻桃白蘭地
即可。

琴 酒 類

來調酒吧

小撇步 先欣賞酒杯裡美麗的四色分層，再攪拌成美麗的橘紅色，品嘗多層次的
熱帶風情。

龍舌蘭日出 Tequila Sunrise

口感

看到日出的色彩變化了嗎？有沒有嘗到甜甜的感覺？

材料

冰塊
龍舌蘭酒　1.5 oz
石榴糖漿　0.5 oz
柳橙汁　　適量

作法

1 冰塊倒入高球杯中。

2 倒入龍舌蘭酒和柳橙汁攪拌均勻。

3 石榴糖漿沿著湯匙背，從杯緣緩緩注入杯中。

4 杯口做裝飾，再插入吸管及攪拌棒即可。

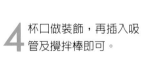

龍舌蘭類　來調酒吧

小撇步

1. 酌量增加石榴糖漿，可以增加甜度和順口度。
2. 把所有的材料放進果汁機內打成冰沙，就是「日落龍舌蘭」（Tequila Sunset），很有趣吧！

藍色瑪格麗特 Blue Margarita

口感

清涼的藍色系，甘甘甜甜的口感，就像從大太陽底下走進冷氣房的一瞬間。

材料

冰塊	
食鹽	少許
龍舌蘭酒	1.5 oz
藍柑橘酒	0.5 oz
檸檬汁	0.5 oz

作法

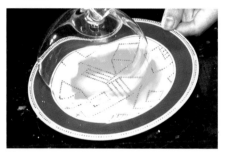

1 倒少許藍柑橘酒在淺盤中，將馬丁尼杯口在盤中滾一圈，沾上藍色酒液。

2 將鹽放在淺盤內舖平，把杯口放入盤內輕輕旋轉平均沾上鹽粒，以手輕拍杯底，抖掉杯口多餘鹽粒。

3 搖酒器內放入冰塊，倒入龍舌蘭酒、檸檬汁及藍柑橘酒，搖晃均勻。

4 倒入鹽口杯中，冰塊不要進杯中，藍色瑪格麗特就完成了。

龍舌蘭類

來調酒吧

小撇步

1. 可以加幾滴糖漿或果糖提味。
2. 把藍柑橘酒改成柑橘酒，就成了瑪格麗特的原型。
3. 以瑪格麗特的原型還可以做出很多變化，例如，將檸檬汁改成芒果汁，就是芒果瑪格麗特；檸檬汁改成柳橙汁，就是柳橙瑪格麗特。

草莓瑪格麗特冰沙 Strawberry Margarita

口感

把調酒做成冰沙，厲害了吧！
小女生最愛的草莓口味，很適
合雞尾酒入門者。

材料

冰塊		萊姆汁	0.5 oz
龍舌蘭酒	1.5 oz	草莓果醬	少許
草莓香甜酒	1 oz	食鹽	少許

作 GO 法

1 倒少許草莓香甜酒在
淺盤中，將馬丁尼杯
口在盤中滾一圈，沾
上紅色酒液。

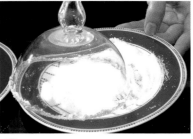

2 將鹽放在淺盤內鋪平，把杯口放入
盤內輕輕旋轉平均沾上鹽粒，以手
輕拍杯底，抖掉杯口多餘鹽粒。

3 將冰塊、龍舌蘭酒、
草莓香甜酒、萊姆汁
和果醬都倒入果汁機
內打成冰沙。

4 將冰沙倒入鹽口
杯中即可。

龍舌蘭類

來調酒吧

小撇步

1. 草莓果醬可用草莓果汁代替。
2. 冰沙入杯後，可再淋上一點草莓酒或龍舌蘭酒，以增加香氣。

酸威士忌 Whisky Sour

口感

酸味勝過甜味，適合喜歡檸檬汁的人。

材料

冰塊		糖水	少許
波本威士忌	1.5 oz	櫻桃	1顆
檸檬汁	1 oz		

GO 作法

1 將冰塊放入搖酒器，倒入威士忌。

2 倒入檸檬汁和糖水，搖晃均勻。

3 倒入沙瓦杯中，但冰塊不要倒入。

4 丟一顆櫻桃沈入杯底，杯口裝飾柳丁片即可。

威士忌類 來調酒吧

小撇步

1. 避免用果糖替代糖水，否則酒會變濃稠，也會太甜。
2. 如果沒有新鮮檸檬汁，也可用萊姆汁替代。

鏽釘 Rusty Nail

口感

先有烈酒的辣味,接著有股香甜味貫穿鼻子,是一杯很man的酒。

材料

冰塊
蘇格蘭威士忌　1.5 oz
蜂蜜酒　　　　1 oz

GO 作法

1 將冰塊放入威士忌杯中,倒入威士忌。

2 倒入蜂蜜酒。

3 叉子插上櫻桃當攪拌棒,攪拌均勻即可。

威士忌類 來調酒吧

小撇步　作法簡單的鏽釘,是很多男士到酒吧必點的酒。可隨性把紅櫻桃換成綠櫻桃,變換一下心情喔!

約翰柯林斯 John Collins

口感

一點點酸、一點點甜,喝起來清爽乾淨。

材料

冰塊		檸檬汁	1 oz
蘇格蘭威士忌	2 oz	蘇打水	1罐
細砂糖	1小包		

GO 作法

1 將冰塊放入高林杯中,倒入威士忌。

2 放入細砂糖和檸檬汁。

3 搖晃均勻後,連冰塊一起倒入杯中。

4 將蘇打水從上層緩緩注入,形成漸層效果即可。

威士忌類 來調酒吧

小撇步

1. 這杯酒和琴酒類調酒「琴費司」很像,差別只在於基酒的不同,因此可各調一杯一起品嘗,增進自己的品酒功力。
2. 砂糖不易溶解,因此要搖久一點,可以用七喜汽水代替蘇打水,如此就可不用砂糖。

教父 God Father

口感

喜歡杏仁嗎？這杯酒肯定能滿足嗜香的口、舌、鼻。

材料

冰塊	
蘇格蘭威士忌	1.5 oz
杏仁酒	1 oz

作法

1 將冰塊放入威士忌杯中，倒入威士忌。

2 倒入杏仁酒。

3 叉子插上櫻桃當攪拌棒，攪拌均勻即可。

威士忌類

來調酒吧

小撇步

每當我調「教父」給女生喝時，喜歡加入柳橙汁和檸檬汁，這會使味道更香、更有層次。

亞歷山大 Alexander

口感

很像巧克力牛奶，八成是拿來騙小孩的，最適合入門者。

材料

冰塊		牛奶	0.5 oz
白蘭地	0.5 oz	肉桂粉	少許
黑可可酒	0.5 oz		

GO 作 法

1 將冰塊放入搖酒器，倒入白蘭地和黑可可酒。

2 倒入牛奶後搖晃均勻。

3 將酒倒入雞尾酒杯，但冰塊不入杯。

4 在酒上撒些肉桂粉即可。

白蘭地類

來調酒吧

小撇步

1. 肉桂粉可用荳蔻粉替代，不喜歡肉桂味的人，也可以不撒。
2. 若品嘗對象很愛喝咖啡，那麼多加0.5 oz的黑咖啡一起調，對方一定會愛死這杯酒！

側車 Side Car

口感

在偏酸的口感中，呈現出白蘭地的原始香味。

材料

冰塊	柑橘酒　0.5 oz
白蘭地　1.5 oz	檸檬汁　1 oz

GO 作法

1 將冰塊放入搖酒器，倒入白蘭地。

2 倒入柑橘酒。

3 倒入檸檬汁，搖晃均勻。

4 倒入雞尾酒杯，冰塊不入杯，即完成。

白蘭地類

來調酒吧

小撇步　怕酸的人可加一點糖水。不過，建議品酒的入門者，不要加糖水，比較能體會白蘭地和檸檬交融的香味。

馬頸 Horse's Neck

口感

一點甜味都沒有，只有檸檬的清香。

材料

冰塊		薑汁汽水	半罐
白蘭地	1.5 oz	檸檬皮	少許

GO 作法

1 將檸檬皮切成螺旋狀備用。

2 在高林杯中放入冰塊，再倒入白蘭地。

3 從上層緩緩注入薑汁汽水，到八分滿為止。

4 放入螺旋狀檸檬皮，插入攪拌棒即可。

白蘭地類 來調酒吧

小撇步 薑汁汽水和白蘭地的比例，可隨個人的嗜酒度調整。

與法國接軌 French Connection

口感

喝起來儼然是杏仁口味的白蘭地。

材料

冰塊
白蘭地　1.5 oz
杏仁酒　0.5 oz

GO 作法

1 冰塊放入威士忌杯中，倒入白蘭地。

2 加入杏仁酒。

3 直接攪拌均勻即可。

白蘭地類

來調酒吧

小撇步　和威士忌類調酒「教父」一樣，可試試加入柳橙汁和檸檬汁，口感會更豐富。

火燄舒馬克 Ferrari Schumacher

口感

多層次口感，像酸梅冰，也像
少女的初戀。

材料

柑橘酒	1 oz	酒梅	數顆
白蘭地	0.5 oz	檸檬角	1個
萊姆汁	0.5 oz		

作法 GO

1 柑橘酒倒入一口杯
中，再放入酒梅。

2 將冰塊放入搖酒器，倒入白蘭地
和萊姆汁，擠入檸檬角搖勻，倒
入放了碎冰的雞尾酒杯中。

3 在柑橘酒上點
火，欣賞熱焰
酒光的炫麗。

4 待火熄滅後，將柑
橘酒及酒梅倒入雞
尾酒杯中即可。

白蘭地類　來調酒吧

小撇步

1. 不論是柑橘酒或是白蘭地都可個別喝飲，在這兩杯酒結合前，不妨先
試一下個別的口感。
2. 想讓火焰更持久，可在柑橘酒上加一點蘭姆酒。

哈瓦那魔力 Havana Magic

口感

加了白蘭地的冰卡布奇諾，就像冰咖啡洗泡泡澡似的。

材料

冰塊		咖啡酒	0.5 oz
冰咖啡	1/3杯	白蘭地	0.5 oz
糖漿	0.3 oz	牛奶	少許

GO 作法

1 將牛奶打成奶泡，置於一旁備用。

2 將冰塊放入白蘭地狹口杯中，倒入冰咖啡、咖啡酒和白蘭地，以攪拌棒攪拌均勻。

3 將糖漿淋於冰塊上，不要攪拌，再將奶泡舖在上面。

4 插上肉桂棒就大功告成了！

白蘭地類 來調酒吧

 小撇步

1. 懶得打奶泡嗎？用發泡奶油也可以。
2. 白蘭地可用愛爾蘭威士忌取代，這樣一來，就有點像「愛爾蘭咖啡」。

尼古拉斯加 Nikolaschka

口感

先酸後甜，一口喝完超痛快！

材料

白蘭地	1杯
檸檬薄片	1片
細砂糖	少許

作法

1 將檸檬切成薄片。

2 在一口杯內倒入白蘭地至七分滿。

3 將檸檬片放在酒杯上，上置砂糖即可。

白蘭地類

來調酒吧

小撇步

1. 使用一口杯，嘴有多大，容量就倒多少。
2. 不要冰杯，才能喝出白蘭地的香味。
3. 喝時將檸檬片及砂糖放入口中嚼碎，再將白蘭地一口氣喝盡，讓酒、檸檬及砂糖在口中融合後一起吞下。

威廉斯姐妹 Williams Sisters

口感

甜滋滋的巧克力，喝起來很像調酒奶昔。

材料

咖啡酒	1 oz
貝禮詩香甜酒	1 oz
冰淇淋	1球

作法 GO

1 將一球冰淇淋放入雞尾酒杯中。

2 從冰淇淋上方倒入咖啡酒。

3 再從同樣的位置，倒入貝禮詩香甜酒。

4 一杯色澤層次分明的威廉斯姐妹就完成了。

香甜酒類

來調酒吧

小撇步 倒酒的動作要快，否則冰淇淋會溶化喔！

繽紛森巴 Samba! Samba!

口感

三餐老是在外的老外，欠補充水果嗎？那就來杯熱帶水果口味的繽紛森巴囉！

材料

冰塊	
柳橙汁	2 oz
鳳梨汁	2 oz
哈蜜瓜香甜酒	1 oz

GO 作法

1 將冰塊放入威士忌杯中，倒入柳橙汁和鳳梨汁到至八分滿。

2 以攪拌棒攪拌均勻。

3 將哈蜜瓜香甜酒沿著湯匙背，從杯緣緩緩注入杯中。

4 讓哈蜜瓜酒沈於杯底，並在杯口做裝飾即可。

香甜酒類

來調酒吧

小撇步　要做出明顯的黃綠兩色層次，才有巴西國旗的精神哦！

泰山怒吼 Home Run

口感

一入口會感到鹹鹹的，喝下去後辣味還留在嘴中。搭配的蔬果條則有健康概念，像極了莫斯科人最愛的冷湯。

材料

新鮮蔬果條	數根
紅酒甜酒	2 oz
番茄汁	2/3杯
食鹽和胡椒	少許

GO 作 法

1 將冰塊放入威士忌杯中，倒入紅酒甜酒及番茄汁。

2 以攪拌棒攪拌均勻。

3 撒上食鹽和胡椒。

4 插入蔬果條，喝的時候，以蔬果條攪拌即可。

香甜酒類 來調酒吧

小撇步

1. 你是重口味的人嗎？加幾滴Tabasco辣油，保證你喜歡。
2. 紅酒甜酒和番茄汁都很營養，有些外國人會拿這杯調酒當早餐飲料，你不妨也試試。

下酒菜

只品酒，不來點零嘴點心，未免單調。要當個好
主人，記得準備些下酒小點，種類不一定要很
多，順口對味最重要。

人氣 No.**1**

下酒菜：墨西哥脆片、爆米花

若要選出酒吧裡最常見的配酒小點，墨西哥脆片和爆
米花應該可以拔得頭籌；這兩樣點心因為順口好吃，
配上調酒剛剛好，一般人因此對這兩樣東西的接受度
最高。所以，在家招待客人時，如果拿捏不準客人的
喜好，這兩樣小點應該是最安全的選擇。

喝酒，當然要來點

人氣 No.2 下酒菜：洋芋片、堅果類

此外，像洋芋片、杏仁果、開心果等零食堅果，也常出現在酒吧的菜單上，這些零食搭配調酒的口感也不錯。如果客人喜歡吃甜食，你不妨可準備一些小餅乾，不過因為調酒本身就有甜味，不建議搭配像是巧克力等太甜膩的點心。

主人拼用心下酒菜：水果沙拉、滷味

如果主人不怕麻煩，或許可切個水果盤，或做點清爽的生菜沙拉、凱撒沙拉，或是製作蔬菜棒（將西洋芹、紅蘿蔔、小黃瓜切成長條，放在冰塊中冰鎮一下，再取出放在高球杯中，旁邊再準備一碟千島醬，就是一道很清爽的下酒菜），這些小點拿來配酒都很不錯。

若主人願意再多花點心思，還可提早一天預備冷盤，如涼拌海帶、滷豆乾，一定會很受歡迎。不過，不建議當天大費周章地下廚炒菜，滿室的油煙味反而會壞了品酒的氣氛。

下酒菜

下酒菜：洋芋、堅果、沙拉

seize the day
free your mind.

一處釋放壓力、感受魅力的所在

醇酒佳釀

引您歡度絢爛時光

精采美饌

伴您體嚐美麗人生

FRONT PAGE
BAR

營業時間:11:30 AM ~ 00:30 AM
台北華國大飯店 長虹酒吧(1樓) 104台北市林森北路600號
訂位電話:02-2596-5111 轉長虹酒吧 網站:www.imperialhotel.com.tw

掌握最新的生活情報，請加入太雅生活館「生活技能俱樂部」

很高興您選擇了太雅生活館(出版社)的「生活品味」系列，陪伴您一起享受生活樂趣。只要將以下資料填妥回覆，您就是「生活品味俱樂部」的會員，將能收到最新出版的電子報訊息。

這次購買的書名是：生活技能／開始擁有個人調酒吧枱(So Easy 022)

1.姓名： _____　性別：□男 □女

2.出生：民國 _____ 年 _____ 月 _____ 日

3.您的電話： _____　E-mail： _____

　地址：郵遞區號□□□ _____

4.您的職業類別是：□製造業 □家庭主婦 □金融業 □傳播業 □商業 □自由業 □服務業
　　□教師 □軍人 □公務員 □學生 □其他

5.每個月的收入：□18,000以下 □18,000~22,000 □22,000~26,000 □26,000~30,000
　　□30,000~40,000 □40,000~60,000 □60,000以上

6.您是如何知道這本書的出版？□ _____ 報紙的報導 □ _____ 報紙的出版廣告
　□ _____ 雜誌 □ _____ 廣播節目 □ _____ 網站 □書展
　□逛書店時無意中看到的 □朋友介紹 □太雅生活館的其他出版品上

7.讓您決定購買這本書的最主要理由是？ □封面看起來很有質感 □內容清楚，資料實用
　□題材剛好適合 □價格可以接受 □資訊夠豐富 □內頁精緻 □知識容易吸收 □其他

8.您會建議本書哪個部份，一定要再改進才可以更好？為什麼？

9.您是否已經照著這本書開始學習享受生活？使用這本書的心得是？有哪些建議？

10.您平常最常看什麼類型的書？□檢索導覽式的旅遊工具書 □心情筆記式旅行書
　□食譜 □美食名店導覽 □美容時尚 □其他類型的生活資訊 □兩性關係及愛情
　□其他

11.您計畫中，未來想要學習的嗜好、技能是？ 1. _____ 2. _____
　3. _____ 4. _____ 5. _____

12.您平常隔多久會去逛書店？□每星期 □每個月 □不定期隨興去

13.您固定會去哪類型的地方買書？□ _____ 連鎖書店 □ _____ 傳統書店
　□ _____ 便利超商 □ _____ 網路書店 □其他

14.哪些類別、哪些形式、哪些主題的書是您一直有需要，但是一直都找不到的？

15.您曾經買過太雅其他哪些書籍嗎？

填表日期： _____ 年 _____ 月 _____ 日

廣　告　回　信
台灣北區郵政管理局登記證
北 台 字 第 1 2 8 9 6 號
免　貼　郵　票

太雅生活館　　編輯部收

106台北郵政53～1291號信箱
電話：(02)2880-7556

傳真： **02-2882-1026**
(若用傳真回覆，請先放大影印再傳真，謝謝！)

太雅生活館

有品味的生活學習，從太雅生活館開始